Louis Figuier

L'Électro-magnétisme

Les Merveilles de la science

ISBN : 978-1519190888

10 9 8 7 6 5 4 3 2 1

Louis Figuier

L'Électro-magnétisme

Les Merveilles de la science

Table de Matières

L'ÉLECTRO-MAGNÉTISME

ET LES

MACHINES À COURANT D'INDUCTION

La découverte de l'*électricité d'induction*, due au physicien anglais Faraday, découverte capitale, et dont chaque jour révèle davantage la portée extraordinaire, ne date que d'environ trente ans. Fille de la théorie pure, elle avait été préparée et prévue par le physicien Ampère. La théorie des aimants de l'illustre physicien français, contenait en germe, les découvertes relatives aux phénomènes d'induction, et devait tôt ou tard conduire à les réaliser.

« Les époques, écrivait Ampère en 1824, où l'on a ramené à un principe unique des phénomènes considérés auparavant comme dus à des causes différentes ont été presque toujours accompagnées de la découverte d'un très-grand nombre de faits nouveaux, parce qu'une nouvelle manière de concevoir les causes suggère une multitude d'expériences à tenter, d'explications à vérifier. »

Ces paroles ont été justifiées de la manière la plus brillante, en ce qui concerne les travaux d'Ampère et sa féconde initiative.

Cependant les travaux de ce physicien qui amenèrent la découverte de l'*électricité d'induction*, avaient eu, à leur tour, un point de départ. C'était la découverte de l'électro-magnétisme faite par le Danois Œrsted. Nous aurons donc à étudier successivement dans cette notice : 1° la découverte de l'électromagnétisme ; 2° celle de l'électricité d'induction ; 3° enfin les machines qui ont été construites comme application de ces deux découvertes, machines qui jouent maintenant un certain rôle dans l'industrie et les arts.

CHAPITRE PREMIER

OBSERVATIONS ET ÉTUDES QUI ONT PRÉCÉDÉ LA DÉCOUVERTE D'ŒRSTED. — IDÉES DES PHYSICIENS DU XVIIIE SIÈCLE SUR L'IDENTITÉ DES FORCES ÉLECTRIQUES ET MAGNÉTIQUES. — LIVRE DE MARAT. — IDÉES DE VAN SWINDEN. — OPINION DE RITTER APRÈS LA DÉCOUVERTE DE LA PILE. — TRAVAUX DE MUNCKE ET DE GRUNEB. — EXPÉRIENCES DE ROMAGNOSI, DE PLAISANCE.

— CE QU'IL FAUT EN PENSER. — DÉCOUVERTE D'ŒRSTED. — PHÉNOMÈNES GÉNÉRAUX DE L'ÉLECTRO-MAGNÉTISME. — DÉCOUVERTE DE L'AIMANTATION TEMPORAIRE DU FER PAR LE COURANT ÉLECTRIQUE. — EXPÉRIENCE D'ARAGO. — EXPÉRIENCES D'ARAGO ET AMPÈRE.

Les travaux d'Œrsted reposent sur ce fait, établi par l'expérience, qu'une aiguille aimantée est déviée de sa direction, quand on la place dans le voisinage d'un courant électrique fermé. Il est facile de comprendre que l'observation d'un fait aussi important, qui faisait entrevoir nettement, pour la première fois, une connexité étroite entre l'électricité et le magnétisme, ne soit pas venue tout d'un coup à l'esprit des observateurs, mais qu'elle ait été amenée par une série de recherches antérieures, et de tâtonnements de l'expérience et de l'esprit.

Ce sont ces préliminaires de la découverte de l'électro-magnétisme que nous allons d'abord mettre en lumière.

L'idée d'une relation intime entre le magnétisme et l'électricité, avait préoccupé les esprits longtemps avant Œrsted. Rien pourtant, jusqu'à cette époque, n'avait pu justifier nettement cette idée. Ses partisans en étaient donc réduits à s'appuyer sur des analogies forcées, qui soulevaient des difficultés insurmontables, et qui étaient sans cesse contredites par l'observation des faits.

L'idée de l'identité de l'électricité et du magnétisme, avait trouvé son origine dans la doctrine des philosophes du XVIIIe siècle, pour lesquels tous les phénomènes du monde physique ne sont que le résultat de quelques forces primordiales. Conformément au système de Descartes, la lumière, la chaleur, l'électricité, le magnétisme, n'étaient envisagés, au siècle dernier, que comme des manifestations variées d'un même agent, répandu dans l'univers. C'étaient des états différents, ou, pour ainsi dire, des *incarnations* différentes d'un même principe matériel.

Cette doctrine, issue de la philosophie de Descartes, ressemble beaucoup à celle vers laquelle nous conduisent les progrès les plus récents et l'esprit général de la science actuelle. Tout, en effet, nous amène à chercher dans le *mouvement* la véritable source des forces naturelles, que nos devanciers avaient, à tort, séparées, en les symbolisant par l'hypothèse de divers fluides impondérables, à savoir : les fluides électrique, magnétique, calorifique et lumineux. Les vibrations des molécules matérielles d'un invisible éther répandu dans tout l'espace, et les mouvements, infiniment petits, des corps visibles et tangibles, nous expliqueront peut-être un jour tous les effets attribués à ces forces, qui, évidemment, se transforment tous les jours, sous nos yeux, l'un dans l'autre.

Quelle que soit pourtant la ressemblance entre la théorie qui représente, en ce moment, le dernier mot de la science, et la doctrine, déjà ancienne, de l'identité des forces physiques, cette ressemblance est tout extérieure. Les grossières et vagues notions qui faisaient le fond du système des philosophes unitaires au XVIIIe siècle, n'étaient basées sur aucune démonstration expérimentale, et se réduisaient à des assimilations très-hasardées. Les physiciens du temps de Nollet considéraient l'électricité, comme étant le *feu primitif*. L'aimant était, dans ce système, une *pyrite martiale, saturée de fluide électrique*, en d'autres termes, un minerai de fer chargé d'électricité.

Cette opinion fut soutenue, à la fin du dernier siècle, par un homme dont le nom surprendra à bon droit nos lecteurs, par Marat.

Avant de jouer dans la révolution française le rôle sanglant et terrible qu'il devait y remplir, Marat était médecin. Il était médecin des gardes du corps du comte d'Artois. Les applications de l'électricité, comme moyen curatif des maladies, étaient alors fort en vogue, et beaucoup de médecins s'étaient trouvés ainsi conduits à s'occuper d'électricité. C'est ainsi que Marat songea à étudier les phénomènes électriques, et qu'il écrivit un livre de *Recherches sur l'électricité*[1] qui faisait suite à un traité du même genre sur le feu.

Ces *Recherches sur l'électricité* ne renferment guère que des élucubrations sans aucune base ; mais elles valent tout autant que beaucoup d'autres productions de la même époque relatives à l'électricité.

Dans cet ouvrage, en même temps qu'il veut prouver que l'aimant est un minerai de fer saturé d'électricité, le *docteur Marat* cherche, dès le premier chapitre de son ouvrage, à établir cette proposition que « le fluide électrique et le fluide magnétique diffèrent

1 Recherches physiques sur l'électricité, par M. Marat, docteur en médecine et médecin des gardes du corps de M. le comte d'Artois. Paris, 1782, in-8, avec figures.

essentiellement, » On éprouve quelque satisfaction à voir le féroce terroriste faire ainsi de la science à contre-sens et de la physique à rebrousse-poil !

Les hommes éclairés ne pouvaient se dissimuler le peu de valeur de ces spéculations philosophiques. En effet, l'analogie qui existe entre l'action magnétique et celle que les substances électrisées exercent sur les corps légers, restait toujours, malgré toutes les dissertations contraires des rhéteurs et des physiciens de la force de Marat, comme un indice de l'existence de rapports très-intimes entre ces deux classes de phénomènes.

Le Père Cotte, après avoir énuméré, dans son *Traité de météorologie*, une série de points de ressemblance qu'il découvre entre les corps électrisés et l'aimant, s'exprime comme il suit :

« Ces différents traits d'analogie entre les matières électriques et magnétiques, me font soupçonner que ces deux matières n'en font qu'une, diversement modifiée et susceptible de différents effets, dont on commence à apercevoir l'unité de cause et de principe. Ce n'est donc qu'une conjecture, que l'expérience et l'observation convertiront peut-être un jour en certitude. »

Lacépède et le physicien italien Cigna, admettaient également une étroite ressemblance entre la force électrique et la force magnétique, sans vouloir pourtant les identifier.

Lacépède fait remarquer le rapport intime qui semble exister entre les causes des phénomènes électriques et celles des phénomènes magnétiques ; mais il se hâte d'établir une distinction, qui ne laisse pas que d'être assez amusante. L'élément du feu, lorsqu'il se combine avec l'air, produit la lumière ; combiné avec l'eau, il donne naissance au fluide électrique ; combiné avec la terre, il produit le fluide magnétique.[1]

Ainsi, l'électricité pour Lacépède n'est autre chose que du *feu humide* ! Je ne sais si le lecteur se rend compte de ce que peut être un *feu humide*. Pour moi, je ne saurais m'en faire l'idée.

Ces théories, ou plutôt ces spéculations, furent combattues avec beaucoup de sagacité, par un savant hollandais, Van Swinden, dans une série de mémoires qu'il fit paraître en 1785.[2] Dépassant

---

1 Essais sur l'électricité, vol. II, p. 37.
2 Analogie de l'électricité et du magnétisme. (Recueil de mémoires, couronnés par

le but, Van Swinden va jusqu'à nier toute analogie entre l'électricité et le magnétisme. Il s'efforce de réfuter les arguments qu'on a émis en faveur de cette analogie, et notamment celui qui repose sur l'influence que les aurores boréales et la foudre exercent sur l'aiguille aimantée. C'était là pourtant un argument d'une valeur très-réelle, le meilleur peut-être qu'on pût trouver à cette époque.

Tel était l'état de la science au commencement du siècle actuel, quand Volta découvrit l'instrument admirable qui porte son nom. Les physiciens ne pouvaient tarder à reconnaître la grande analogie qui existe entre les phénomènes du courant voltaïque et les effets des aimants. Les deux électricités contraires accumulées aux deux bouts des conducteurs de la pile, offraient, en quelque sorte, le simulacre des pôles d'un aimant.

Aussi le physicien allemand J. W. Ritter ne craignit-il pas d'émettre cette opinion, que la pile est un véritable aimant, pourvu d'un pôle positif et d'un pôle négatif. Mais, cette assimilation forcée, vu l'absence totale de démonstrations à l'appui, était en contradiction flagrante avec l'expérience, comme le prouvèrent bientôt plusieurs observateurs.

Il faut dire, d'ailleurs, que l'identité des causes n'entraîne pas l'identité des effets, et que la pile ne saurait être considérée comme un corps aimanté.

Un programme du cours d'Ampère, imprimé en 1802, porte encore la mention suivante : « Le professeur *démontrera* que les phénomènes électriques et magnétiques sont dus à *deux fluides différents*, et qui agissent indépendamment l'un de l'autre.[1]» Quelle était donc cette preuve établissant la différence de ces deux fluides, et qui était présentée par Ampère, c'est-à-dire par le physicien même qui, plus tard, devait démontrer l'identité de ces deux forces, par la théorie mathématique ?

Muncke et Gruner s'efforcèrent de produire des effets comparables à ceux de la pile, à l'aide de puissantes batteries magnétiques. Mais leurs tentatives échouèrent.

Ils cherchèrent ensuite à reconnaître si des piles voltaïques très-petites et très-mobiles seraient déviées, comme un aimant, par la

---

l'Académie de Bavière.) La Haye, 1785, 2 vol, in-8.
1 Arago, Notice biographique sur Ampère, Œuvres, vol. II, p. 50.

décharge de grandes batteries magnétiques. Mais ici encore leurs efforts furent inutiles. Une pile, même de très-petites dimensions, flottant sur l'eau, ne bougeait pas, quand on déchargeait dans le voisinage de ses pôles, toute une batterie électrique.

Ces deux physiciens auraient réussi dans leur expérience s'ils avaient retourné le problème. Il fallait, comme le fit plus tard, Œrsted, opérer avec des piles puissantes, qu'on aurait rapprochées d'aimants mobiles, de petites dimensions, c'est-à-dire d'une aiguille aimantée. Mais cette idée ne se présenta pas à nos deux physiciens.

Malgré l'insuccès des expériences de Muncke et de Gruner, les idées de Ritter concernant l'identité de l'électricité et du magnétisme, s'enracinèrent chaque jour davantage dans les esprits. Ritter savait les présenter avec une faconde persuasive, qui faisait oublier les difficultés très-réelles, et les objections que soulevait sa théorie.

Tout le monde alors voulait travailler à la solution du grand problème.

« Le galvanisme, écrivait un anonyme au *Monthly Magazine* en avril 1802, est, pour le moment, la grande occupation de tous les chimistes et physiciens allemands. À Vienne, on a annoncé une découverte importante : un aimant artificiel, employé à la place de la pile voltaïque, décomposerait l'eau aussi bien que celle-ci ou que la machine électrique. On en conclut que les fluides électrique, galvanique et magnétique sont les mêmes. »

Que signifie cette annonce mystérieuse ? Faut-il y voir la preuve d'une découverte aussitôt oubliée que produite ? N'est-ce que l'invention d'un chroniqueur, qui réalise prématurément et de sa propre autorité, les secrètes espérances d'une foule de chercheurs ? Il est impossible aujourd'hui de décider cette question ; mais les lignes qui précèdent n'en sont pas moins intéressantes pour l'histoire de l'électro-magnétisme.

Il nous reste à mentionner un dernier fait, précurseur de l'immortelle découverte d'Œrsted. C'est l'observation curieuse qu'un physicien italien, Jean-Dominique Romagnosi, fit en 1802. Joseph Izarn a rapporté cette observation dans un ouvrage publié en 1804.[1]

---

1 Izarn, Manuel du galvanisme, Paris, 1804, p, 120.

« D'après les observations de Romagnosi, dit cet auteur, l'aiguille déjà aimantée, et que l'on soumet ainsi au courant électrique, éprouve une déclinaison ; et d'après celles de Mojon, savant chimiste de Gènes, les aiguilles non aimantées acquièrent par ce moyen une sorte de polarité magnétique. »

De son côté, Aldini, dans son ouvrage, sur le *galvanisme*,[1] fait mention de ces mêmes expériences, dans les termes suivants :

« Mojon, dit-il, a magnétisé des aiguilles à coudre, de la longueur de deux pouces, par un appareil à tasses de cent verres. Celte nouvelle propriété du galvanisme a été constatée par d'autres observateurs, et dernièrement, par M. Romagnosi, qui a reconnu que le galvanisme faisait décliner l'aiguille aimantée. »

Il est très-surprenant que ces mentions si expresses aient été complètement oubliées seize ans plus tard, quand Œrsted publia sa découverte ; car elles contiennent cette découverte, non pas seulement en germe, mais tout entière.

Nous dirons pourtant que, lorsqu'on examine de plus près les titres de Romagnosi à la découverte de l'électro-magnétisme, et quand on consulte le texte dont il s'agit, ces titres paraissent beaucoup moins solidement établis qu'on ne l'a déclaré. Voici, en effet, le document original sur lequel s'appuient les réclamations des compatriotes de Romagnosi. C'est un article qui parut le 3 août 1802, dans un journal politique de Trente, le *Ristretto dei Foglietti universali*. Il a été reproduit récemment par l'abbé Zantedeschi, à l'occasion de l'inauguration d'un monument qu'on avait élevé à Romagnosi, à Plaisance, sa ville natale.[2] On va voir que ce document ne justifie pas les prétentions de ceux qui ont essayé de revendiquer pour le célèbre Plaisantin, une des plus grandes découvertes de notre siècle.

« M. le conseiller Gian-Domenico Romagnosi, est-il dit dans ce fait divers du journal italien, demeurant ici et connu de la république des lettres par d'autres profondes productions, s'empresse de faire connaître aux physiciens de l'Europe, une expérience relative au fluide galvanique, appliqué au magnétisme. Ayant préparé la pile

---

1 Jean Aldini, Essai théorique et pratique sur le galvanisme avec une série d'expériences faites en présence des commissaires de l'Institut national de France. Paris, 1804, t. I, p. 340.
2 Corrispondenza scientifica in Roma, n. 42, 9 avril 1869.

de M. Volta avec des disques de cuivre et de zinc, séparés par des rondelles imprégnées d'une solution ammoniacale, l'auteur fixe à cette pile un fil d'argent, brisé en plusieurs points comme une chaîne. La dernière articulation de cette chaîne passait par un tube de verre, et se terminait à un bouton d'argent qui sortait du tube. Ensuite, il prit une aiguille aimantée ordinaire, disposée à la manière d'une boussole marine, et fixée dans une chape prismatique de bois ; puis, ayant enlevé le couvercle de verre, il plaça l'aiguille sur un isolateur en verre, à peu de distance de la pile. Ceci fait, il saisit la chaîne par le tube de verre, et en appliqua le bouton terminal à l'aiguille aimantée. Après un contact de quelques secondes, l'aiguille se détourna de plusieurs degrés de sa position polaire. La chaîne ayant été soulevée, l'aiguille conserva cette déviation. Quand on appliqua la chaîne de nouveau, l'aiguille s'écarta encore un peu, et garda ensuite sa nouvelle position, comme si sa polarité avait été détruite. Voici comment M. Romagnosi a rétabli cette polarité. Il a pressé des deux mains, entre le pouce et l'index, les bords de la boîte en bois isolée, et il a vu, au bout de quelques instants, l'aiguille revenir lentement à sa position polaire, non pas tout d'un coup, mais par pulsations, comme une aiguille des secondes. Cette expérience a été faite au mois de mai, elle a été répétée en présence de plusieurs personnes. »

Il est question ensuite, dans le même article, d'une autre expérience de Romagnosi, qui aurait obtenu des phénomènes d'attraction électrique, en approchant la rondelle d'argent d'un fil de chanvre mouillé d'eau ammoniacale, et suspendu à un bâton de verre.

Toutes ces expériences devaient être exposées dans un mémoire que Romagnosi se proposait de publier sur l'électricité et le galvanisme, mais qui ne vit point le jour. Elles sont, il faut en convenir, incompréhensibles ; car rien ne fait supposer, qu'il s'agisse ici d'un circuit voltaïque fermé. L'auteur met le conducteur même de la pile en contact avec l'aiguille aimantée, ce qui ne revient nullement à fermer le courant, et ne peut produire le phénomène électro-magnétique qu'il était réservé à Œrsted de réaliser le premier. L'abbé Zantedeschi s'efforce de démontrer que Romagnosi devait avoir touché la pile de manière à établir une communication entre les deux pôles ; mais cette interprétation tardive est en contradiction avec le texte.

En fin de compte, la prétendue découverte de Romagnosi n'exerça aucune espèce d'influence sur le progrès de la science électrique ; tandis que celle d'Œrsted, qui n'apparut que dix-huit ans plus tard, révolutionna le monde scientifique.

Il n'est pas rare de rencontrer, dans l'histoire des sciences, des faits de tout point analogues à celui qui vient de nous occuper. Les grandes découvertes sont quelque temps, pour ainsi dire, dans l'air, avant qu'un homme se rencontre qui en comprenne la portée, et qui rende fécond le germe depuis longtemps créé. Quoique Mojon et Romagnosi eussent observé, selon toute apparence, des phénomènes d'électro-magnétisme, aucun physicien, pas même eux, ne se doutait de l'existence d'un phénomène de ce genre a l'époque où Œrsted publia l'immortelle expérience qui vint montrer à tous les yeux, l'influence du courant électrique fermé sur les aimants.

Fig. 378. — Christian Œrsted.

Œrsted avait partagé jusqu'en 1820 les opinions généralement répandues sur l'identité absolue de l'électricité et du magnétisme. Dans ses *Réflexions sur les lois de la chimie*, publiées en 1812, il s'efforce encore de démontrer par des faits, l'identité de la pile et d'un aimant. Dans ses cours publics, il faisait des expériences destinées à mettre cette identité en lumière ; mais ces expériences ne réussissaient pas. La pile ne pouvait être assimilée à un aimant ; en d'autres termes, elle n'avait deux pôles contraires que lorsque ses pôles étaient libres et le courant interrompu, c'est-à-dire ouvert. Or, c'est justement dans ce cas qu'elle est sans influence sur les aimants. C'était donc à tort que Œrsted et des physiciens de son temps voulaient établir cette assimilation.

Dans les idées qui régnaient alors, un courant électrique fermé ne pouvait être doué d'une polarité quelconque. Aussi ne se préoccupait-on nullement du courant fermé.

Mais si le circuit fermé était considéré comme dépourvu de toute action, comment donc, va dire le lecteur, Œrsted put-il être conduit à faire cette expérience du circuit fermé, qui fit subitement jaillir des ténèbres la lumière tant cherchée ? Cette expérience fut tout simplement le fait du hasard. Le hasard, qui avait déjà provoqué la découverte du galvanisme, fut aussi la bénissable fée, qui présida à la naissance de l'électro-magnétisme.

Pendant l'hiver de 1819 à 1820, Œrsted faisait son cours de physique à l'Université de Copenhague. Il était occupé à montrer à son auditoire, la puissance calorifique de la pile de Volta, en portant à l'incandescence un fil de platine tendu entre les deux pôles. Une aiguille aimantée se trouvait par hasard, placée sur la table, à quelque distance de la pile. Or, au moment où la pile fut mise en action, cette aiguille aimantée se mit à osciller d'une façon singulière. Ce phénomène inattendu éveilla l'attention des assistants. On ne comprenait pas que le fil qui joint les deux pôles de la pile et forme le courant voltaïque, pût exercer une influence quelconque sur une aiguille aimantée, car, en réunissant les deux pôles, il semblait que, par cela même, on anéantissait le courant. Mais il fallut se rendre à l'évidence et reconnaître qu'un courant électrique fermé jouit d'une action propre et très-manifeste.[1]

---

1 On a dit qu'à l'une de ses leçons, Œrsted, saisissant vivement les deux fils qui, par leur contact, fermaient le courant électrique, s'écria, dans une sorte de mouvement oratoire : « Je ne puis croire que cet appareil soit sans action sur les aimants ! » et que, par ce geste involontaire, il approcha le circuit fermé de l'aiguille aimantée, qui fut aussitôt déviée de sa position d'équilibre. Mais cette version théâtrale manque de preuves.

Fig. 379. — Œrsted découvre la déviation de l'aiguille aimantée
par le courant électrique fermé (1820).

La leçon terminée, et quand tous les assistants se furent retirés, Œrsted s'empressa de répéter l'expérience qui s'était faite, pour ainsi dire toute seule, sous les yeux du public et des élèves. Il plaça une aiguille aimantée mobile, près de la même pile qu'il remit en action, et il vit l'aiguille dévier avec la plus grande énergie, quand on l'approchait du fil conjonctif qui reliait les deux pôles de la pile. L'électro-magnétisme était découvert !

Il est probable, pourtant, que l'immense portée de ce fait nouveau, ne fut pas, tout d'abord, appréciée par l'auteur de cette découverte, quoiqu'il se soit efforcé plus tard, de prouver que ce sont ses recherches théoriques sur les effets de la réunion des deux électricités dans les courants fermés, qui l'ont conduit à la découverte de l'électromagnétisme.

Œrsted publia sa découverte au mois de juillet 1820, dans un mémoire de quatre pages, écrit en latin, et intitulé : *Experimenta circum effectum conflictûs electrici in arcum magneticum* (*Expériences relatives à l'effet du conflit électrique sur l'aiguille aimantée*), qui ne tarda pas à être traduit en allemand et en français.[1]

Le lundi, 11 septembre 1820, M. de La Rive, qui arrivait de Genève, répéta l'expérience d'Œrsted, à Paris, devant l'Académie des sciences.

Le lundi suivant, Ampère donnait déjà communication d'un autre fait, qui complétait le premier et constituait définitivement l'électro-magnétisme.

C'est depuis ce jour, que la science électrique a fait des pas de géant.

Hans-Christian Œrsted était né le 14 août 1777, à Rud Kjerbig, dans l'île danoise de Langeland, où son père exerçait la pharmacie. Après avoir fait ses études à Copenhague, il obtint, en 1800, le grade d'agrégé de la Faculté de médecine, et prit, en même temps, la direction d'une pharmacie. L'année suivante, le jeune Œrsted eut la bonne fortune d'obtenir le *stipendium cappelianum*, espèce de bourse qui lui donnait les moyens de voyager pendant cinq ans en Europe pour son instruction. C'est le *prix de Rome* des jeunes savants danois, institution excellente, et qui manque à la France, comme hélas ! tant d'autres institutions concernant les sciences. Œrsted profita largement de cette occasion d'étendre le cercle de ses connaissances.

De retour à Copenhague, il fut nommé professeur de physique à l'Université de cette ville. Quelque temps après, il fut, en outre, chargé d'un cours de sciences naturelles à l'École militaire.

En 1822, il entreprit un nouveau voyage, qui le conduisit à Berlin, à Munich, à Paris, à Londres et à Edimbourg, et qui lui valut partout des ovations enthousiastes. Sa découverte, qui avait dévoilé le lien secret qui existe entre le magnétisme et l'électricité, et ouvert à la science des horizons nouveaux, avait fait tout à coup un homme célèbre du modeste professeur de Copenhague. Les sociétés savantes, les gouvernements et les particuliers, rivalisaient

1 Annales de chimie et de physique, vol. XIV, 1820.

à qui lui donnerait des témoignages éclatants de considération. La *Société royale de Londres* lui décerna sa grande médaille d'or, la distinction suprême dont elle dispose. Le roi de Danemark le nomma chevalier de l'ordre du Danebrog, et cet exemple fut imité par d'autres gouvernements.

Vingt ans plus tard, en 1842, l'Académie des sciences de Paris élut Œrsted comme un de ses associés étrangers.

À peine de retour à Copenhague, Œrsted y fonda la *Société danoise pour la propagation des sciences naturelles*. En 1828, il fut créé conseiller d'État par le roi de Danemark. L'École polytechnique de Copenhague ayant été fondée en 1829, il fut nommé directeur de cette école. Il a conservé ce poste jusqu'à la fin de ses jours.

Œrsted est mort, le 9 mars 1851, à l'âge de 74 ans.

Le physicien de Copenhague a laissé sur différentes branches de la physique, un grand nombre de mémoires, qui sont disséminés dans les recueils spéciaux, et dans les *Comptes rendus de la Société royale des sciences de Copenhague*, dont il fut le secrétaire perpétuel depuis 1815. On lui doit l'invention du *piézomètre*, instrument qui sert à mesurer la compressibilité des liquides. Il ne s'était pas seulement adonné à la physique. Chimiste distingué, il a fait des analyses très-délicates. On lui doit encore des mémoires très-estimés sur l'histoire et la philosophie de la chimie. Les nombreux ouvrages qu'il a laissés, et dont plusieurs ont été traduits en allemand et en français, nous montrent Œrsted comme un excellent écrivain, en même temps qu'un savant hors ligne. Tous ses écrits se distinguent par une tendance philosophique, et par un langage à la fois poétique et populaire, qui explique leur succès immense. Son *Esprit de la nature* a été récemment traduit en français par M. Martin.

Revenons à l'expérience fondamentale d'Œrsted, qui a été le point de départ de la science de l'électro-magnétisme. Essayons de la préciser.

On sait que le fil métallique qui réunit les deux pôles d'une pile de Volta, est traversé sans cesse par un courant électrique, c'est-à-dire par les deux fluides contraires, qui se combinent aussitôt qu'ils prennent naissance à chacun des pôles. C'est grâce à ce mouvement de l'électricité, que le fil conjonctif acquiert des propriétés nouvelles. Si l'on dispose au-dessus d'une boussole, et parallèlement à la direction de son aiguille, c'est-à-dire dans le sens du méridien magnétique, un fil de cuivre ou de platine, isolé, sa présence n'a aucun effet sur l'aiguille aimantée. Mais si l'on fait communiquer ce fil par ses deux extrémités, avec les deux pôles d'une pile, on voit aussitôt l'aiguille aimantée changer de direction, et se dévier de sa position d'équilibre, d'une quantité d'autant plus grande, que la pile est plus énergique et le fil plus rapproché de l'aiguille (fig. 380). Si le courant est très-intense et très-près de la boussole, la déviation peut aller jusqu'à 90 degrés, c'est-à-dire que l'aiguille se place perpendiculairement au méridien magnétique. Mais dès que le courant cesse de traverser le fil, l'aiguille revient à sa position primitive, et n'obéit plus qu'à l'action directrice de la terre.

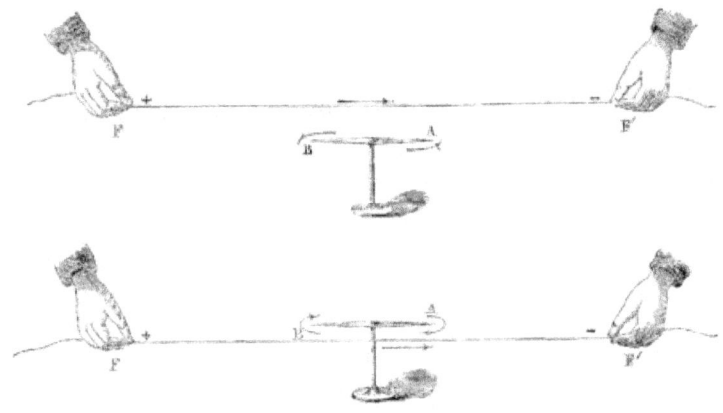

Fig. 380 et 381. — Courant magnétique.

Nous avons supposé que le fil conjonctif est placé *au-dessus* de l'aiguille aimantée. Si on le place *au-dessous*, sans rien changer à la disposition de l'expérience, la déviation sera la même en quantité, mais elle aura lieu en sens contraire. Si le fil supérieur dévie le pôle nord de l'aiguille vers l'ouest, le fil inférieur le transportera vers l'est. Le sens de la déviation sera encore renversé lorsqu'on changera le sens du courant dans le fil conjonctif.

On est convenu de dire que le courant va du pôle positif au pôle négatif. On le renverse en mettant le pôle positif en communication avec l'extrémité du fil conjonctif qui d'abord aboutissait au pôle négatif, et le pôle négatif avec l'extrémité qui était fixée au pôle positif.

Supposons maintenant que le courant se dirige dans le fil F, F', tendu dans le méridien magnétique, du sud vers le nord (*fig.* 380).

Le fil est disposé au-dessus d'une aiguille mobile AB, dont le pôle austral A regarde le nord, et le pôle boréal B, le sud. (On est convenu d'appeler *pôle boréal* celui des deux pôles d'un aimant qui, saturé de fluide boréal, est attiré par le pôle sud ou pôle austral de la terre, et se dirige vers le sud ; et de même,*pôle austral*, celui qui se dirige vers le nord de la terre.) La déviation aura lieu, ainsi que le montre la figure, du nord vers l'ouest, et du sud vers l'est. Si le fil est en bas, la déviation se fera en sens contraire (*fig.* 381).

Pour faciliter l'énoncé de ces résultats, Ampère eut l'idée étrange, mais singulièrement ingénieuse, de personnifier, pour ainsi dire, le courant.

On suppose que le courant traverse un observateur, en entrant par les pieds et en sortant par la tête ; ou bien que l'observateur descend au fil du courant. Puis, identifiant ce courant avec l'observateur lui-même, on dit que le courant a une face, un dos, une droite et une gauche ; c'est la face, le dos, la droite ou la gauche de l'observateur imaginaire. Il suffit alors de se figurer l'observateur, comme le représente la figure 382, et de le tourner de manière qu'il regarde toujours l'aiguille aimantée AB, pour comprendre tous les phénomènes de déviation dans un énoncé très-simple : *le pôle austral (pôle nord) de l'aiguille se dirige toujours vers la gauche du courant.*

Ce singulier énoncé d'Ampère s'accorde avec l'expérience, que le fil soit vertical ou horizontal, qu'il soit au-dessus ou au-dessous de l'aiguille. Il contient en germe la théorie de l'électro-magnétisme, telle qu'elle a été développée par Ampère. Il fournit enfin le moyen de reconnaître immédiatement l'existence et la direction d'un courant galvanique par la déviation qu'il imprime à l'aiguille d'un galvanomètre. En outre, la grandeur de cette déviation mesure l'intensité du courant.

Louis Figuier

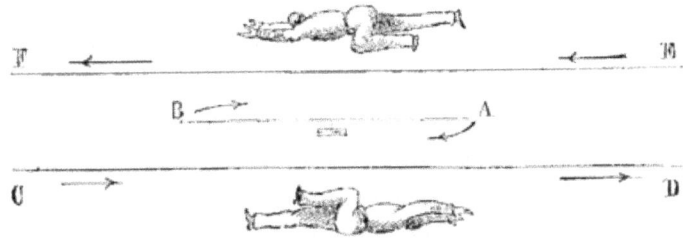

Fig. 382. — Courant électrique personnifié.

Ces propriétés de déviation des courants doivent, au premier abord, paraître bien singulières. Tout le monde sait qu'un levier qui peut tourner autour d'un pivot fixe, ne se déplacerait pas si on le tirait dans le sens de sa longueur ; pour le faire marcher, il faut le pousser transversalement. Or c'est, en apparence du moins, le contraire de ce qui arrive pour les courants mis en présence de l'aiguille d'une boussole. Quand le fil conjonctif que traverse un courant, est placé suivant l'axe longitudinal de l'aiguille, la force déviatrice est à son maximum ; quand le courant se présente à l'aiguille dans une direction perpendiculaire au méridien, l'effet est insensible, l'aiguille reste en repos.

« Telle est l'étrangeté de ces faits, dit Arago, que, pour les expliquer, divers physiciens eurent recours à un flux continu de matière électrique circulant autour du fil conjonctif, et produisant la déviation de l'aiguille par voie d'impulsion. Ce n'était rien moins, en petit, que les fameux tourbillons qu'avait imaginés Descartes, pour rendre compte du mouvement général des planètes autour du soleil. Ainsi, la découverte d'Œrsted semblait devoir faire reculer les théories physiques de plus de deux siècles.[1]»

C'est Œrsted lui-même qui émit cette hypothèse étrange des tourbillons électriques circulant autour du fil conjonctif, en deux hélices, de directions contraires pour les deux fluides.

Cette théorie a été aussi vite abandonnée que conçue, parce qu'elle donne lieu à trop d'objections. Mais il faut ajouter que jusqu'à ce jour, elle n'a été remplacée par aucune autre qui explique la nature

1 Arago, Notice biographique sur Ampère, vol. II des Œuvres.

intime des courants électriques. Nous connaissons les lois de l'action des courants, mais nous ne savons pas encore ce que c'est que l'électricité.

La découverte d'Œrsted, bien qu'immédiatement appréciée par les physiciens, resta quelque temps encore, avant de faire son chemin dans le monde savant. C'est qu'on croyait d'abord que la déviation des aiguilles ne pouvait s'observer qu'avec une pile très-puissante ; tandis qu'il suffit, pour cela, d'une force électromotrice insignifiante. Mais dès que l'expérience fut présentée dans son véritable jour ; dès que l'on reconnut que tout observateur peut, avec les moyens d'expérience les plus simples, se livrer à l'étude de ce nouveau genre de phénomènes, on vit des hommes de toutes les classes, médecins, naturalistes, amateurs de toute sorte, s'emparer avec une ardeur incroyable, des phénomènes de l'électro-magnétisme. De cette émulation universelle, sont sorties les plus belles et les plus importantes découvertes de notre siècle dans l'électricité.

André-Marie Ampère fonda la science de l'électricité dynamique, en étudiant l'action des courants sur les aimants et celle des courants sur les courants. Il fut le législateur de cette branche de la physique ; et, comme l'a dit M. Babinet, « si Œrsted avait été le Christophe Colomb du magnétisme, Ampère en fut le Pizarre et le Fernand Cortez. »

Fig. 383. — A.-M. Ampère.

Pour étudier l'action de la pile sur l'aiguille aimantée sans être gêné par le magnétisme terrestre, Ampère imagina sa boussole *astatique* dont l'aiguille est mobile dans un plan perpendiculaire à la direction de la force magnétique de la terre, direction donnée par les observations de l'inclinaison. On comprend que l'aiguille ainsi disposée ne peut pas céder à l'action directrice de la terre, puisque cette action, s'exerçant perpendiculairement au plan de rotation de l'aiguille, est détruite par la résistance du support. Dès lors, cette dernière obéit librement à l'influence des courants que l'on fait naître dans son voisinage. Mais Ampère ne se contenta pas de chercher les lois de cette action des courants sur les aimants. Il conçut une généralisation merveilleuse de ce genre de phénomènes : l'influence des courants sur les courants.

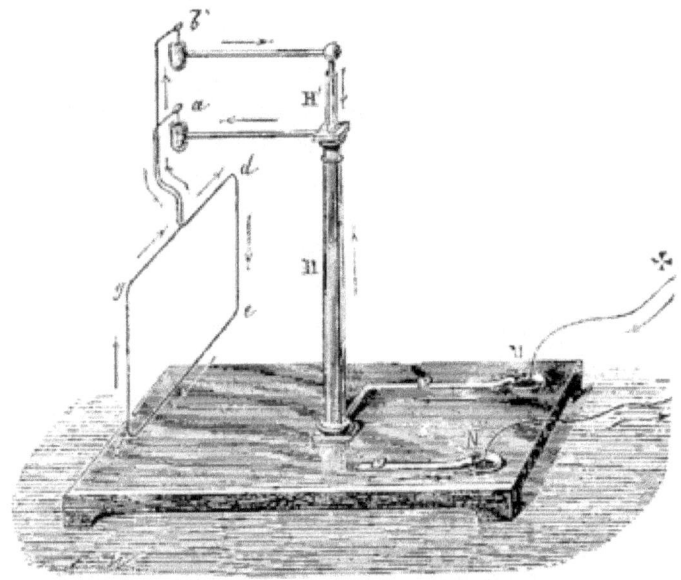

Fig. 384. — Boussole astatique.

Cette idée avait à peine traversé son esprit fécond en ressources, qu'il imagina des dispositions extrêmement ingénieuses pour rendre mobile une certaine étendue d'un fil conjonctif, sans que ses extrémités eussent à se détacher des pôles de la pile. Ainsi, par exemple, il suspendit verticalement aux colonnes métalliques H, H', un rectangle de fil de cuivre *defg* (fig. 384), dont les extrémités

24

redressées et terminées en crochets *a*, *b*, plongeaient dans de petits godets pleins de mercure. Ce rectangle pouvait donc tourner librement autour d'un axe vertical, sans que le courant fût interrompu dans le circuit dont le rectangle faisait partie.

Cet appareil permit à Ampère de constater l'action mutuelle de deux courants, phénomène qu'il avait deviné *à priori*, et le 18 septembre 1820, c'est-à-dire une semaine après l'annonce de la découverte d'Œrsted à l'Académie des sciences, Ampère faisait déjà connaître la sienne. « Je ne sais, dit Arago, si le vaste champ de la physique offrit jamais une si belle découverte, conçue, faite et complétée avec tant de rapidité. »

Ampère avait trouvé que deux courants parallèles s'attirent quand ils sont de même sens, et se repoussent lorsqu'ils vont en sens contraire. Ce fait inattendu forme la base de l'électro-dynamique. On voit qu'il est en opposition avec les faits connus jusqu'alors en électricité. En effet, tandis que les corps chargés d'électricité ou de magnétisme de même nom, se repoussent, les courants semblables, loin de se repousser, comme les corps électrisés, s'attirent. Les courants inverses se repoussent, tandis que les électricités contraires ou les pôles opposés de deux aimants, s'attirent, comme tout le monde le sait. Cette différence essentielle entre les deux sortes de phénomènes, constitue un des côtés les plus nouveaux de l'électricité dynamique.

Quelques savants, jaloux de la gloire naissante d'Ampère, prétendirent que l'action mutuelle des courants aurait pu se prévoir d'après le principe de l'action et de la réaction, puisque chacun des fils, pris séparément, agit sur l'aiguille aimantée. Ces détracteurs furent réduits au silence par l'argument suivant, dû à Arago ;

« Voilà, leur dit-il, deux clefs en fer doux. Chacune d'elles attire cette boussole : si vous ne me prouvez pas que, mises en présence l'une de l'autre, ces clefs s'attirent ou se repoussent, le point de départ de vos objections est faux. »

À cet argument, il n'y avait rien à répliquer. Ampère se mit alors à chercher la théorie mathématique de ces phénomènes compliqués. Il la trouva en étudiant divers états d'équilibre entre des fils conjonctifs de certaines formes, placés l'un devant l'autre. Il démontra par ces observations, que l'action réciproque des éléments de deux courants s'exerce suivant la ligne qui unit leurs centres ; qu'elle dépend de leur inclinaison mutuelle, et qu'elle varie d'intensité dans le rapport inverse des carrés des distances.

Armé de cette loi fondamentale, Ampère aborda le problème général des actions électrodynamiques, et il ne tarda pas à déduire de ses formules ce résultat remarquable : Qu'une suite de courants circulaires mobiles, mis en présence d'un courant rectiligne, tendraient à se placer parallèlement à ce dernier, — et que si ces mêmes courants circulaires étaient enfilés sur un axe horizontal mobile, ils l'entraîneraient et le forceraient à se placer en croix par rapport au courant rectiligne.

Ce résultat donne la clef des phénomènes électro-magnétiques. Il explique la direction en croix de l'aiguille aimantée par rapport à un courant rectiligne, en supposant que chaque aimant soit un système de courants circulaires.

Ampère s'empressa de soumettre à l'épreuve de l'expérience cette conception ingénieuse. Il imita un système de courants circulaires fermés, en faisant traverser par un courant un fil enveloppé de soie et plié en hélice à spires très-resserrées CD (fig. 385).

Deux physiciens allemands, MM. Schweigger et Poggendorff, avaient découvert qu'il est facile d'*isoler* le courant, dans un fil métallique, en le recouvrant de soie ou d'un vernis résineux, sans que cet isolement empêchât les effets magnétiques de se manifester à distance. Ampère mit à profit cette observation pour former ces systèmes de courants circulaires dont nous venons de parler, et auxquels il donna le nom de *solénoïdes*.

La ressemblance entre les effets des solénoïdes et ceux d'un aimant fut si grande, que l'idée d'une identité complète entre les uns et les autres, jeta des racines profondes dans l'esprit de l'illustre géomètre. Ampère fit voir qu'il est permis d'assimiler les aimants à des systèmes de courants circulaires, de même sens, circulant autour des molécules du fer ou de l'acier. L'ensemble de ces courants préexiste dans ces substances ; mais ils sont dirigés en tous sens et se contrarient les uns les autres, jusqu'à ce qu'une action magnétisante vienne les orienter tous dans le même sens et provoquer la polarité propre aux solénoïdes. Aimanter le fer, c'est donc ramener au parallélisme, les petits tourbillons électriques qui circulent autour des molécules : ici comme ailleurs, l'union fait leur force.

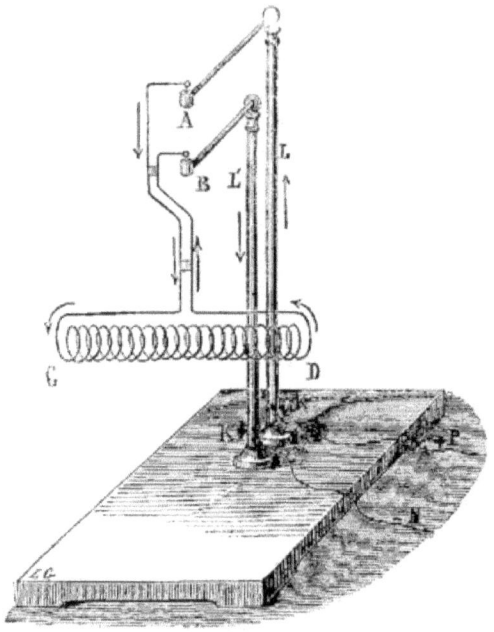

Fig. 385. — Hélice magnétique ou *solénoïde*.

Cette nouvelle théorie, aussi simple qu'ingénieuse, rend compte de tous les faits de la science magnétique ; elle ramène à une cause unique le magnétisme et l'électricité dynamique. Si son exactitude n'est pas entièrement démontrée, elle est pourtant infiniment préférable à l'hypothèse des deux fluides matériels accumulés dans les aimants. Elle explique même l'action directrice de la terre sur les aiguilles aimantées, en supposant que la terre est entourée de courants circulaires. Enfin, elle fit prévoir à Ampère que les courants mobiles seraient dirigés par la seule action de la terre, tout comme les aiguilles aimantées. L'expérience a confirmé cette prévision.

Nous arrivons à la grande découverte qui a permis de réaliser la télégraphie électrique, et toutes les applications du même genre. Nous voulons parler de l'*aimantation temporaire du fer* par le courant électrique, découverte due au célèbre physicien français Arago.

Cette seconde découverte eut encore pour point de départ l'expérience d'Œrsted.

Arago avait vu répéter l'expérience du physicien danois, à Genève, dans le laboratoire de M. de La Rive. En la vérifiant à son tour, il remarqua que le fil conjonctif de la pile se charge de limaille de fer, comme ferait un aimant ; mais qu'il n'attire point la limaille de cuivre au de laiton. Le courant fait donc naître dans le fer doux, la vertu magnétique, et cette vertu disparaît dès que le courant est interrompu.

En employant une aiguille à coudre, c'est-à-dire un petit barreau d'acier, Arago parvint à aimanter le métal d'une manière durable par le courant électrique.

Cette grande découverte fut consignée le 20 septembre 1820,[1] dans les procès-verbaux des séances du bureau des Longitudes.

Le 25 septembre, c'est-à-dire moins d'une semaine après la première communication d'Ampère, Arago fit connaître sa découverte à l'Académie des sciences.

Ampère lui conseilla aussitôt d'employer un fil roulé en hélice, au centre de laquelle l'aiguille d'acier serait placée. « D'après ma théorie, disait Ampère, on doit obtenir ainsi le maximum d'action. »

Cette conjecture ayant été aussitôt soumise à l'expérience par nos deux physiciens réunis, ils virent une aiguille d'acier placée au centre d'une bobine de fil de cuivre, s'aimanter fortement. La position des pôles se trouva conforme au résultat qu'Ampère avait déduit, à l'avance, de la direction des éléments de l'hélice. C'était là une preuve nouvelle de la vérité de sa théorie.

Ces expériences apprirent donc qu'il est possible de former un aimant artificiel par la seule intervention de l'électricité en mouvement. On trouva, en même temps, que l'action des courants qui circulent en spirale autour d'un morceau de fer ou d'acier, est analogue à celle des aimants ordinaires, en ce qu'elle ne communique au fer doux qu'une aimantation temporaire, tandis que l'acier garde la vertu magnétique une fois acquise.

1 Arago, Note sur l'électro-magnétisme. Œuvres complètes, vol. IV, P. 409.

Fig. 386. — François Arago

C'est sur cette aimantation temporaire du fer doux par l'action du courant voltaïque, que repose le mode d'action des télégraphes électriques, des moteurs électro-magnétiques, de l'horlogerie électrique, etc., ainsi que nous l'expliquerons avec tous les détails nécessaires dans d'autres parties de cet ouvrage.

CHAPITRE II

LE PHYSICIEN ANGLAIS FARADAY DÉCOUVRE L'ÉLECTRICITÉ D'INDUCTION PRODUITE PAR LES AIMANTS. — MACHINES D'INDUCTION BASÉES SUR L'EMPLOI DES AIMANTS. — MACHINE CONSTRUITE PAR PIXII EN 1832. — MACHINE DE CLARKE. — MACHINE MAGNÉTO-ÉLECTRIQUE DE LA COMPAGNIE L'ALLIANCE. — MACHINE DE WILDE.

En s'appuyant sur la théorie d'Ampère, et retournant en quelque sorte les faits observés par Ampère et Arago, on aurait pu prédire *à priori*, qu'en introduisant un aimant permanent dans un circuit fermé disposé en hélice, on déterminerait dans ce circuit, un courant électrique. Cette question ne fut cependant résolue expérimentalement que vers 1830, par l'illustre physicien anglais Faraday.

Ce savant constata par de nombreuses expériences, que si l'on introduit un barreau aimanté dans une bobine de fil métallique isolé, c'est-à-dire recouvert d'une couche isolante, on y détermine un courant galvanique. Seulement ce courant ne dure qu'un instant. De même, lorsqu'on retire l'aimant de la bobine, il se manifeste un autre courant, tout aussi éphémère. Ce dernier est dirigé en sens inverse du premier. On nomme le premier *courant commençant ou inverse*, parce que sa direction est contraire à celle des courants magnétiques par lesquels se représente, dans la théorie d'Ampère, l'action de l'aimant. Le deuxième courant s'appelle *courant finissant ou direct*.

Ces courants instantanés qu'on obtient en approchant ou en éloignant d'un circuit enroulé en hélice, un barreau aimanté, sont désignés tous les deux, sous le nom de *courants d'induction* ou de *courants induits*. Nous verrons bientôt qu'on les obtient également en remplaçant le barreau aimanté par un courant voltaïque, qui prend alors le nom de *courant inducteur*.

Dès que M. Faraday eut fait connaître qu'il était possible de produire des courants galvaniques au moyen d'un aimant, plusieurs constructeurs essayèrent d'obtenir une manifestation électrique continue, par une combinaison mécanique des divers éléments qui produisent des courants induits. On appelle *machines magnéto-électriques* les appareils qui réalisent ce problème.

La première machine de ce genre, fut construite en 1832 par Pixii (fig. 387).

Deux colonnes de bois supportent un électro-aimant fixe B, c'est-à-dire un morceau de fer, en forme de fer à cheval, entouré d'un fil métallique d'une longueur suffisante recouvert de soie et enroulé en hélice. Au-dessous peut tourner, sur un axe vertical, un fort aimant naturel rectangulaire A, dont les deux pôles *a, b* rasent tour à tour le fer doux de la bobine B, et l'aimantent par influence. Le mouvement de rotation est produit par deux roues d'engrenage et une manivelle M. Le fer doux A se trouve, à chaque demi-tour, une fois aimanté et une fois désaimanté, et il fait naître dans la bobine B un courant inverse et un courant direct, qui se propagent dans les fils conducteurs *ce, fd* parallèles aux colonnes du support.

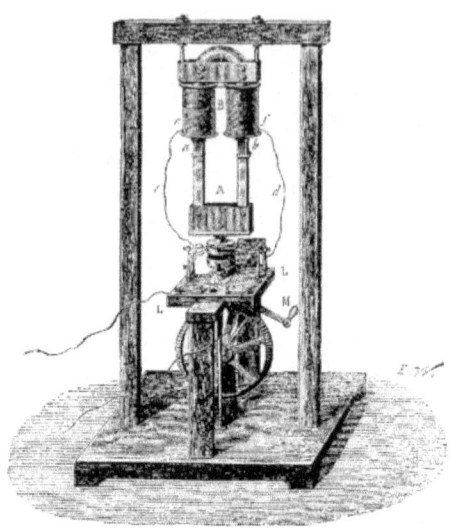

Fig. 387. — Machine magnéto-électrique de Pixii.

Mais ces deux courants successifs ont des directions contraires. Ils se détruiraient, si on les laissait se propager librement dans le circuit. Pour obvier à cet inconvénient, on fait communiquer les fils avec un *commutateur* LL, placé sur l'axe de rotation. Grâce à cette disposition, le courant direct est toujours renversé dans les fils conjonctifs, et les deux courants les traversent toujours dans le même sens. On obtient ainsi un courant d'induction continu, qui reproduit tous les effets des courants voltaïques ordinaires.

L'appareil de Clarke (fig. 388) est une modification du précédent. Ici c'est l'aimant naturel qui est fixe, et c'est l'électro-aimant qui tourne. Cette disposition présente, entre autres avantages, celui de faire arriver l'électro-aimant plus près des pôles de l'aimant naturel ou *persistant*, et de diminuer la masse du corps mobile.

Le faisceau aimanté B, recourbé en fer à cheval, est fixé sur une planchette de bois verticale P. En avant de ce faisceau, sont deux bobines E, que l'on fait tourner autour d'un axe horizontal A, au moyen d'une poulie, que commande une roue à manivelle

R. Les bobines E sont enroulées sur deux cylindres de fer doux, réunis entre eux par une pièce de même métal, et dont les deux extrémités passent, à chaque demi-révolution, en face et tout près des deux pôles de l'aimant. La plaque S porte un *commutateur xy,* destiné à ramener toujours au même sens les courants successifs qui traversent les lames *x, y,* pour se rendre aux deux lames *m, n,* et gagner les fils conducteurs *f.*

Fig. 388. — Machine de Clarke.

Dans la figure que le lecteur a sous les yeux, les deux fils aboutissent sous deux petites cloches V, V, pleines d'eau, pour produire la décomposition de ce liquide, et montrer que l'on obtient avec la machine *magnéto-électrique,* les mêmes effets qu'avec la pile.

Les courants de la *machine de Clarke* ont été utilisés, en effet, pour produire tous les résultats des courants de la pile, et l'on a pu exalter ces résultats d'une manière extraordinaire, en recourant à un moteur d'une grande puissance, tel que la vapeur.

Le principe de l'appareil de Clarke a été utilisé de nos jours dans les *machines magnéto-électriques* construites par M. Nollet, professeur de physique à l'École militaire de Bruxelles, un des descendants du célèbre abbé Nollet, dont le nom restera à jamais attaché à l'histoire de l'électricité.

M. Nollet s'était proposé d'appliquer les courants électriques obtenus par sa machine, à la décomposition de l'eau, et d'utiliser ensuite l'hydrogène ainsi obtenu, pour l'éclairage public.

Le succès ne répondit pas cependant aux efforts de M. Nollet, qui mourut à la peine.

M. Nollet laissa sa machine aux mains d'un homme intelligent, M. Joseph Van Malderen, qui la perfectionna et l'appliqua à l'éclairage électrique. C'est la machine que l'on désigne aujourd'hui sous le nom de *Machine de la Compagnie l'Alliance*, et qui a été singulièrement perfectionnée et améliorée par les efforts constants et éclairés de M. Berlioz, directeur de cette compagnie.

La *machine magnéto-électrique de la Compagnie l'Alliance* a été adoptée récemment pour l'éclairage de nos phares, après avoir fait ses preuves pendant deux ans, au phare du cap de la Hève, près du Havre.

Dans cette machine, quatre rouleaux de bronze C, armés chacun, à leur circonférence, de seize bobines, sont établis sur un arbre horizontal, que fait mouvoir une petite machine à vapeur au moyen d'une courroie DD. Les quatre couronnes de bobines tournent entre huit rangées de cinq faisceaux aimantés B, B, disposés en rayon autour de l'arbre horizontal. Un *commutateur gh* change, à chaque passage des aimants, le sens du courant, pour produire l'effet d'induction.

Dans la figure que le lecteur a sous les yeux, les fils *f, f,* qui conduisent le courant, viennent aboutir à une *lampe électrique* L, l'emploi essentiel de la *machine de la Compagnie l'Alliance* étant de servir à l'éclairage électrique.

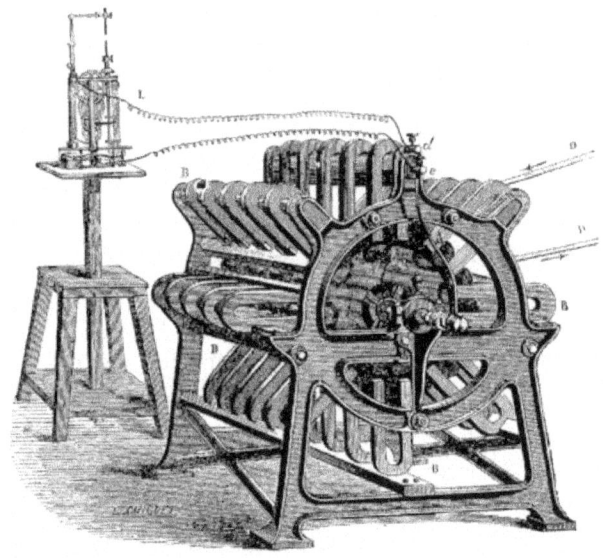

Fig. 389. — Machine magnéto-électrique de la *C*ⁱᵉ *l'Alliance*.

À chaque rotation, les aimants font naître des courants dans les bobines, et tous ces courants, rectifiés par le *commutateur* dans un sens convenable et réunis dans un seul conducteur, produisent un effet très-considérable.

Une machine magnéto-électrique, de dimensions moyennes, n'exige, pour marcher, qu'une machine à vapeur de 1 à 2 chevaux ; un *moteur Lenoir* est plus que suffisant pour cela. L'éclairage qu'elle fournit équivaut à 900 bougies stéariques, et la dépense ne s'élève, par heure, qu'à 60 centimes. Avec le gaz vendu au prix de la ville de Paris, la même quantité de lumière coûterait 3 francs, avec l'huile de colza, 7 fr. 50.

Cependant l'électricité n'avait pas encore dit ici son dernier mot.

Un physicien anglais, M. H. Wilde, a perfectionné la machine magnéto-électrique, au moyen d'une disposition qui semble, au premier abord, bouleverser toutes les notions acquises sur la production de la force et sur les limites de puissance des machines en général.

M. H. Wilde a résolu ce problème, en apparence aussi paradoxal et aussi absurde que celui du mouvement perpétuel ou de la quadrature du cercle : Engendrer, grâce à l'électricité d'induction, une quantité indéfinie de magnétisme ou d'électricité, au moyen d'une quantité infiniment petite de magnétisme ou d'électricité dynamique, et *vice versa*, une quantité indéfinie d'électricité, au moyen d'une quantité infiniment petite d'électricité dynamique ou de magnétisme. La force se multiplie donc à l'infini, comme dans la presse hydraulique, où un effort insensible suffit pour produire les effets les plus considérables, grâce à l'invisible jeu des puissances moléculaires, qui dorment dans l'eau, et qu'on réveille en détruisant leur équilibre en un point quelconque de la masse liquide.

Le principe découvert par M. Wilde a permis à ce physicien de créer un nouveau générateur d'électricité dont la puissance surpasse tout ce qu'on a exécuté jusqu'à présent, et qui paraît appelé à produire une véritable révolution dans les applications de la force électrique.

La machine de M. Wilde occupe très-peu de place. Elle est légère et portative comme un meuble de salon. On peut, toutefois, dans ce petit volume, accumuler une provision incroyable de force, et obtenir des torrents de lumière d'un éclat insupportable, et une chaleur qui fait fondre, en un clin d'œil, les métaux les plus réfractaires.

La *machine Wilde* fond des tiges de fer de l'épaisseur du petit doigt, qui sont brûlées, volatilisées. Si l'on dépose ces tiges de fer sur le plateau de la machine, on les voit rougir à blanc et couler en gouttelettes, qui retombent sur le sol. Le platine, l'or, l'argent, fondent à ce foyer chimique comme la neige fond au soleil.

Voici le principe sur lequel repose sa construction.

Nous avons déjà vu qu'il suffit de faire tourner une bobine vis-à-vis d'un aimant, pour engendrer dans cette bobine, des courants voltaïques, et qu'un courant circulant autour d'un morceau de fer, communique au fer une aimantation temporaire qui dure autant que le courant qui l'a produite. Prenez maintenant un petit aimant permanent, et faites-lui engendrer un courant dans une bobine de dimensions correspondantes ; lancez ce courant dans l'hélice d'un gros électro-aimant, et vous produirez un aimant d'une puissance beaucoup plus grande que celle de l'aimant permanent. Ce même électro-aimant peut servir, à son tour, à produire un courant dans une seconde bobine mobile. Ce troisième courant, beaucoup plus fort que le courant primitif, pourra être employé à exciter un électro-aimant encore plus gros, et ainsi de suite.

On voit qu'au moyen de ces additions successives, on multiplie presque indéfiniment la force magnétique ou la quantité d'électricité dynamique qui a servi de point de départ.

Il ne sera pas inutile de donner quelques détails sur les expériences par lesquelles M. Wilde a été conduit à ce nouveau principe, expériences qu'il a communiquées à la *Société royale de Londres* au mois d'avril 1866.

M. Wilde a pris un cylindre creux composé de deux pièces en fer, qui sont séparées par deux pièces de bronze. Ce cylindre est fixé horizontalement entre les pôles d'un certain nombre d'aimants permanents disposés verticalement. Dans le creux de l'*aimant-cylindre* tourne, sans le toucher, un autre cylindre appelé l'*armature*, autour duquel s'enroule un fil gros et court, dont les deux extrémités aboutissent à un commutateur. Quand l'armature tourne dans le cylindre-aimant, il se produit dans le fil conducteur une succession de courants induits qui sont recueillis par le commutateur et lancés dans la bobine d'un gros électroaimant. En fixant sur le cylindre-aimant quatre aimants permanents pesant chacun un demi-kilogramme et pouvant porter chacun 5 kilogrammes, M. Wilde a obtenu un électro-aimant capable de porter 500 kilogrammes, c'est-à-dire 25 fois le poids que pouvaient porter collectivement les quatre aimants permanents. Cette grande différence entre le pouvoir des aimants excitateurs et le pouvoir de l'électro-aimant obtenu, peut s'accroître indéfiniment par un choix convenable des dimensions relatives.

M. Wilde découvrit, dans le cours de ses expériences, que l'électricité s'accumulait dans le gros électro-aimant, comme dans une bouteille de Leyde. Quand il avait été en rapport, pendant un temps très-court, avec la machine magnéto-électrique et qu'on venait à rompre la communication, il conservait encore pendant vingt-cinq secondes le pouvoir de produire une brillante étincelle. Il était donc chargé d'électricité, et c'est dans ce pouvoir de condensation que possède le noyau de fer doux qu'il faut, selon toute probabilité, chercher l'explication des effets surprenants que produit la nouvelle machine.

Après avoir établi ce fait, qu'une quantité très-grande de magnétisme peut être développée dans un électro-aimant, par un aimant permanent, de puissance relativement faible, M. Wilde chercha naturellement si l'électro-aimant obtenu par ce procédé ne donnerait pas à son tour des courants électriques beaucoup plus forts que ceux qui sont engendrés par l'aimant permanent. Cette prévision fut confirmée. Une seconde machine magnéto-électrique, dans laquelle l'électro-aimant excité par la première, joue le rôle des aimants permanents, fournit des courants d'une puissance extraordinaire.

L'appareil entier, que l'on voit représenté dans la figure 390, se compose ainsi de deux étages superposés, dont le premier est, pour ainsi dire, la miniature du second.

Le premier, placé en dessus, est formé d'un cylindre-aimant A d'un calibre de 6 centimètres, sur lequel se placent à cheval seize aimants permanents, A, qui peuvent porter chacun 10 kilogrammes. L'étage inférieur est formé d'un cylindre-aimant C, d'un calibre de 18 centimètres, qui est excité par les courants de la machine supérieure. Cet électro-aimant se compose de deux plaques parallèles de fer laminé, autour desquelles s'enroulent 1 000 mètres de fil ; il porterait environ 5 000 kilogrammes, tandis que les seize aimants permanents ne porteraient ensemble que 160 kilogrammes. L'armature du cylindre-aimant de 18 centimètres tourne avec une vitesse de 1 700 tours par minute ; elle est mise en mouvement au moyen de la courroie DD par une petite machine à vapeur de la force de 3 chevaux.

Le courant qui est engendré dans le fil du cylindre-aimant inférieur, est assez puissant pour brûler des bâtons de charbon de 2 centimètres de côté.

Sans discuter la question de savoir si la nouvelle machine électro-magnétique doit remplacer purement et simplement la *machine de la Cie l'Alliance*, on peut dire, dès aujourd'hui, qu'elle remplira une foule d'usages nouveaux. Portatif et d'un faible volume, l'appareil Wilde pourra s'installer sur quatre roues avec une locomobile, et rendre ainsi de grands services en temps de guerre, pour la transmission des dépêches télégraphiques, pour l'éclairage, pour l'inflammation des mines, etc. On a déjà essayé de l'employer à bord des navires de guerre et sur nos paquebots, pour alimenter un petit phare électrique susceptible d'éclairer la route du vaisseau à deux ou trois cents mètres de distance. Chaque navire pourra, de cette façon, avoir sa lanterne électrique, comme nos fiacres ont leurs lanternes à verres de couleur.

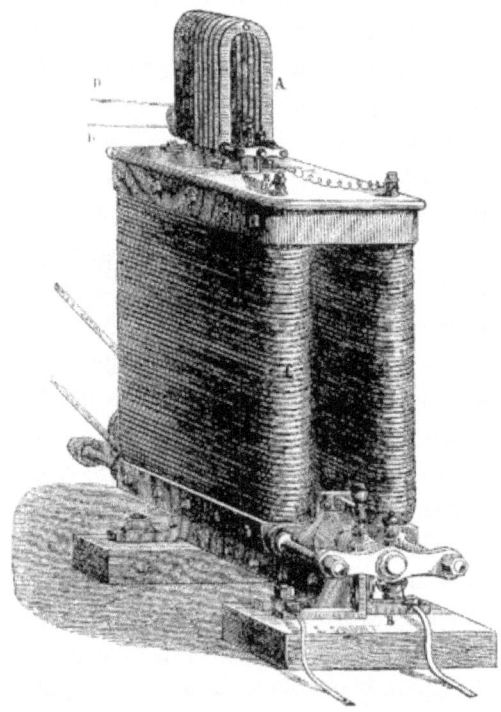

Fig. 390. — Machine électro-magnétique de Wilde.

Dans les travaux publics, la machine Wilde permettra de généraliser l'emploi de l'électricité au moyen d'appareils portatifs qui se loueront à l'heure, comme on loue les locomobiles. Enfin, le nouveau système permettra de construire des machines magnéto-électriques de très-petite dimension et d'un prix accessible à toutes les bourses. On pourra donc les utiliser pour les cabinets de physique, peut-être même pour les usages domestiques. Les photographes s'en servent déjà avec succès pour remplacer le soleil. Quelques tours de manivelle, et vous obtenez une lumière éblouissante, qui jaillit d'une pointe de charbon.

Reprenons l'exposé des découvertes nombreuses auxquelles a donné lieu l'étude persévérante des phénomènes d'induction.

Nous avons déjà dit que les phénomènes d'induction électrique peuvent être déterminés aussi bien par les courants électriques ordinaires, que par les aimants. Les premières expériences relatives à ce sujet, sont encore dues à Ampère. Elles datent de 1822.[1]

Ampère suspendit une lame de cuivre, pliée en cercle, au milieu d'une ceinture de courants électriques, et il la vit s'aimanter temporairement. Voici en quels termes Ampère constate lui-même ses observations sur ce phénomène.

« Il s'établit, dit-il, dans un conducteur mobile formant une circonférence complètement fermée, un courant électrique par l'influence de celui qu'on produit dans un conducteur fixe circulaire, redoublé, placé très-près du conducteur mobile, mais sans communication avec lui. »

Ce passage, emprunté à un mémoire qu'Ampère présenta à l'Académie des sciences, le 4 septembre 1822, prouve qu'il avait, dès cette époque, reconnu la production de courants électriques par influence, c'est-à-dire, comme on les appelle aujourd'hui, par *induction*. Mais il ne paraît pas qu'il ait cherché à approfondir le fait isolé qu'il avait observé.

C'est M. Faraday qui, en 1830, détermina les circonstances dans lesquelles l'électricité en mouvement produit, à distance, des courants dans les corps conducteurs. Les résultats obtenus à Londres par M. Faraday furent communiqués à l'Académie des sciences de Paris en décembre 1831, par Hachette, professeur de physique à l'École polytechnique. L'auteur les publia dans les *Transactions philosophiques de Londres* pour 1832 et 1833.

---

1 Ampère, Recueil d'observations électro-dynamiques, pp. 285 et 331.

Louis Figuier

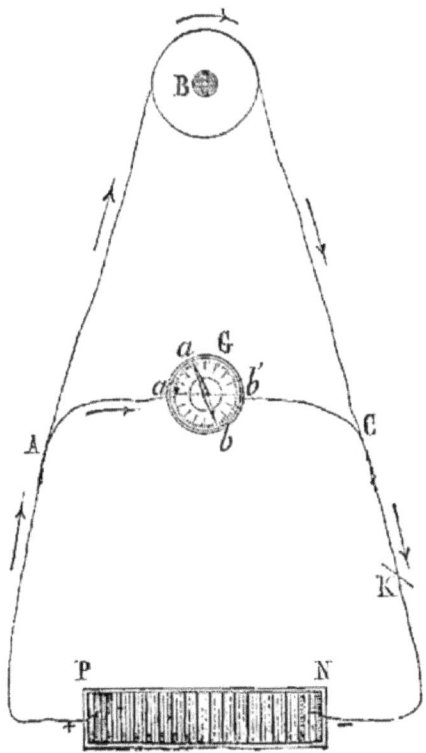

Fig. 391. — Appareil d'induction de Faraday

Pour mettre en évidence le phénomène de l'induction par les courants, M. Faraday enroule en hélice (fig. 391) sur un cylindre de bois B, deux fils de cuivre A recouverts de soie. Si l'un est en communication avec la pile PN, l'autre avec un galvanomètre G, l'aiguille du galvanomètre *ab* indique l'existence d'un courant instantané dans le second fil, aux moments de la fermeture et de l'ouverture du courant qui traverse le premier fil. Cette aiguille, sous l'influence du courant, dévie de sa position primitive et prend la direction a'b'.

Les courants d'induction, ou *courants induits*, n'ayant qu'une existence presque instantanée, participent plutôt de la nature du courant que produit la décharge d'une bouteille de Leyde, que de celle des courants de la pile voltaïque.

Voici les lois de l'induction qui ont été déterminées par M. Faraday :

1° *Un courant qui commence, ou un courant qui s'approche d'un circuit conducteur, fait naître par celui-ci un courant de sens contraire.*

2° *Un courant qui finit ou un courant qui s'éloigne, donne lieu dans le circuit voisin, à un courant de même sens.*

Le courant qui produit le courant induit, se nomme courant *inducteur*.

Nous venons de dire que les courants induits se rapprochent de ceux qui sont produits par les décharges électriques. Il s'ensuit qu'ils seront employés avec avantage à produire des commotions et des étincelles, tandis que les décompositions chimiques et autres effets propres à la pile, sont obtenus moins aisément par cette sorte de courants.

On a construit, pour utiliser ces courants, des *machines d'induction*, mises en action par les courants électriques. Nous avons décrit dans ce chapitre, les appareils basés sur l'induction par les aimants. Il nous reste à décrire ceux qui ont pour principe l'induction électrique provoquée par les courants.

CHAPITRE III

MACHINES D'INDUCTION MISES EN ACTION PAR LES COURANTS. — EXPÉRIENCE DE MASSON. — EXPÉRIENCE DE BRÉGUET. — MACHINE DE RUHMKORFF. — FORME DE L'ÉTINCELLE D'INDUCTION FOURNIE PAR LA MACHINE DE RUHMKORFF. — EFFETS LUMINEUX DE CETTE ÉTINCELLE DANS LE VIDE ET DANS LES GAZ. — TUBES DE GEISSLER. — APPLICATIONS DE LEUR EFFET LUMINEUX. — APPLICATIONS DIVERSES DE LA MACHINE DE RUHMKORFF.

Le physicien français Masson pensa le premier, en 1836, à tirer parti des effets continus du courant d'induction, en produisant des interruptions très-fréquentes dans le courant inducteur. Une roue dentée, sur laquelle frottait une lame de ressort, était mise en communication avec le fil du circuit inducteur, lequel correspondait avec l'un des pôles de la pile ; tandis que le ressort était en rapport avec l'autre pôle. Les fermetures et les interruptions du courant voltaïque, se succédaient alors à des intervalles très-rapprochés, et les courants induits avaient une tension considérable, qui les rendait très-propres à produire des effets physiologiques.

Vers 1848, MM. Masson et Bréguet construisirent une machine d'induction basée sur ce principe. Cet appareil réalisait déjà quelques-uns des effets des machines électriques. Il permit, par exemple, de charger un condensateur. Mais ce n'est qu'en 1851 que l'appareil d'induction par le courant électrique, reçut une forme vraiment pratique, entre les mains d'un habile constructeur, M. Ruhmkorff, dont la machine d'induction par les courants électriques porte aujourd'hui le nom.

Né en Allemagne, vers le commencement de notre siècle, M. Ruhmkorff vint à Paris, pour y apprendre la construction des instruments de précision. Après avoir travaillé chez l'opticien Charles Chevalier et chez quelques autres de nos meilleurs constructeurs, il s'établit comme ouvrier en chambre. Il devint, plus tard, chef d'une maison de construction d'appareils d'électricité

M. Ruhmkorff est loin d'être un savant.

« Son éducation, dit M. Dumas, dans un rapport sur lequel nous aurons à revenir, s'est faite peu à peu, par l'étude de quelques livres, sans cesse médités, par les leçons de quelques professeurs, entendues comme à la dérobée, aux heures bien rares du loisir. Modeste dans sa vie, d'une persévérance que rien ne distrait, d'une abnégation qui lui a mérité les plus illustres témoignages d'estime, M. Ruhmkorff restera comme un type, digne de servir de modèle à ces nombreux et intelligents ouvriers qui peuplent les ateliers de précision de la capitale. »

M. Ruhmkorff mit à profit les recherches de MM. Masson et Bréguet. Il multiplia d'une manière prodigieuse les spires de l'hélice, en faisant usage d'un fil très-fin et très-long, pour recevoir les courants induits. (La longueur de ce fil développé atteint, dans les grands appareils d'induction jusqu'à 30 kilomètres.) Il s'appliqua ensuite à obtenir un isolement aussi parfait que possible, des fils de la bobine, en les noyant, pour ainsi dire, dans la gomme laque Enfin, il accrut encore la puissance du courant inducteur, par un faisceau de fils de fer, qu'il enfonça à l'intérieur de l'hélice inductrice. Ces fils s'aimantent sous l'influence du courant inducteur, et leurs courants magnétiques individuels, en s'ajoutant, réagissent énergiquement sur le circuit destiné à recevoir les courants induits.

Fig. 392. — Ruhmkorff.

Voici la description de la machine de Ruhmkorff.

Le corps de la bobine, S, est en carton mince, et les rebords en bois verni de gomme laque. Sur le cylindre de carton, se trouvent enroulées deux hélices de fils de cuivre, parfaitement isolées. Une de ces hélices est composée de gros fil (d'environ 2 millimètres) ; l'autre, de fil très-fin. Les bouts de ces quatre fils sortent des rebords de la bobine par quatre trous, *a, b, c, d*. Les extrémités du fil fin se rendent aux boutons A, B, montés sur des colonnes de verre. Les extrémités du gros fil viennent aboutir à deux petites bornes métalliques, qui communiquent avec les deux pôles de la pile.

Cette communication s'établit ainsi. Les boutons d'attache E, F, du circuit de la pile sont en rapport avec deux ressorts, qui appuient sur le cylindre d'ivoire L, garni d'un système de plaques métalliques par lesquelles le courant est forcé de prendre son chemin à travers le gros fil de la bobine.

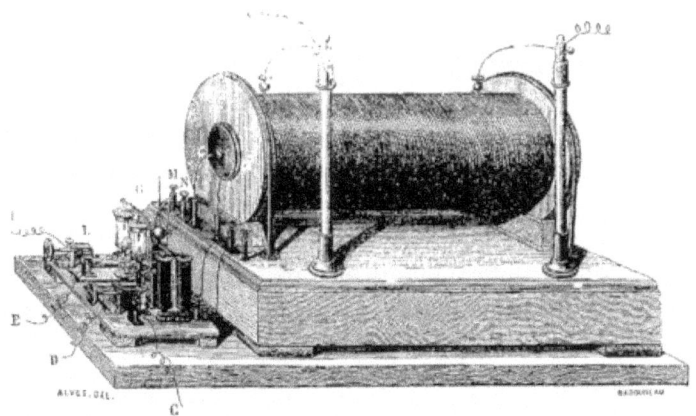

Fig. 393. — Machine de Ruhmkorff.

Le cylindre d'ivoire L, porte le nom de *commutateur*. Cet organe assez compliqué, sert à *renverser* le courant, et à l'intercepter au besoin.

Un autre organe essentiel, est l'*interrupteur* ou *rhéotome*, G, qui a été construit par M. Léon Foucault. Les fils C, D, qui se rendent à cet *interrupteur*, viennent d'une petite pile auxiliaire qui entretient le jeu de cet instrument. Pour plus de clarté, nous représentons à part l'interrupteur de M. Foucault, dans la figure 395, d'après un modèle légèrement différent de celui qui se voit dans la figure 393.

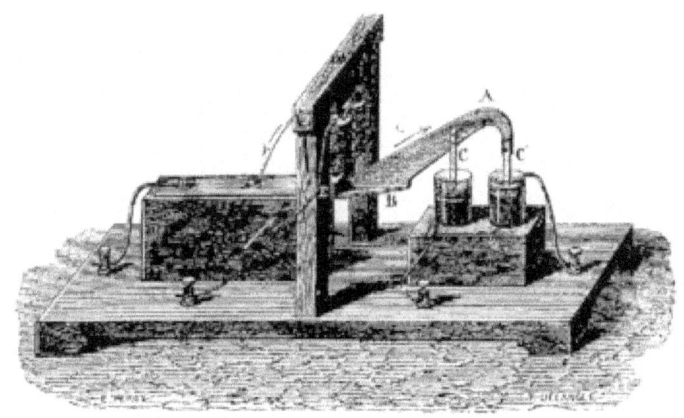

Fig. 395. — Interrupteur de Foucault.

L'interrupteur représenté dans la figure 395 se compose d'un levier AB, soutenu par une lame élastique B. En C, le levier porte une pointe de platine qui plonge dans le mercure d'un petit vase communiquant avec l'un des pôles d'une pile spéciale. Quand le courant passe dans ce système, le noyau de fer doux E s'aimante et attire le levier, dont la pointe C sort alors du mercure. Le courant EBC se trouve ainsi interrompu, le fer doux se désaimante, le levier revient à sa première position, la pointe replonge, et ainsi de suite. Pour rendre les interruptions plus nettes, on couvre le mercure d'une couche d'alcool. On le remplace aussi par un amalgame de platine.

Une seconde pointe de platine, C', plonge dans un petit vase semblable au premier. Elle suit les oscillations du levier, et produit les interruptions périodiques du courant induit, qui traverse également le levier AB.

Tel sont les organes essentiels de la machine d'induction. M. Fizeau a trouvé que ses effets sont notablement augmentés par l'interposition d'un condensateur, formé de deux feuilles d'étain, que l'on colle sur les deux faces d'une bande de taffetas gommé de 4 mètres de longueur, et qu'on replie ensuite entre deux autres bandes de taffetas, de façon à pouvoir les introduire dans l'intérieur de la planche qui supporte la bobine. Les armatures de ce condensateur sont en rapport avec les boutons M, et N de la figure 393.

Cet appareil remplit parfaitement son but ; mais les physiciens sont loin d'être d'accord sur son véritable rôle et sur la cause de ses effets. Nous nous dispenserons d'énumérer ici, les différentes explications qui ont été données à ce propos par MM. Fizeau, Faraday, Gaugain, du Moncel, Hearder, etc.

Grâce aux perfectionnements réalisés par M. Ruhmkorff, la machine d'induction a acquis aujourd'hui une puissance extraordinaire. Les commotions qu'elle fournit, sont extrêmement violentes. Un jour, M. Quet, physicien belge, faisant des expériences dans un appartement obscur et s'étant approché trop près de la bobine, fut renversé sur le coup, et il aurait pu être foudroyé, sans l'arrivée de M. Ruhmkorff. Il garda le lit pendant plusieurs jours. Pourtant, sa pile ne se composait que de six éléments.

Avec un ou deux couples de Bunsen, la bobine de Ruhmkorff

donne des commotions foudroyantes. Si l'on touche seulement du doigt, le fil induit, on reçoit une secousse terrible, même quand ce fil est recouvert de soie au point touché. Il ne faut donc jamais en approcher sans les plus grandes précautions.

Nous ne décrirons pas les modifications nombreuses que différents physiciens ont voulu faire subir à la machine de Ruhmkorff. Nous nous bornerons à en faire connaître les effets et les applications les plus importantes.

« L'appareil de Ruhmkorff, dit M. Dumas, lie l'une à l'autre, ces deux formes de l'électricité, qui étaient séparées comme par un abîme : l'électricité des anciennes machines, caractérisée par la faculté de produire des étincelles et par une forte tension, et l'électricité de la pile, caractérisée par une très-faible tension, et par l'impuissance à fournir des étincelles véritables. »

En effet, nos machines électriques donnent une quantité d'électricité très-faible, mais douée d'une grande tension ; la pile de Volta donne une quantité très-grande d'électricité, mais sa tension est très-faible. La machine d'induction transforme ces deux électricités l'une dans l'autre, de la façon la plus simple et la plus pratique. Elle permet d'obtenir avec la pile, les effets de fulguration des machines à frottement, tout en fournissant des quantités énormes de fluide électrique sous forme de courant continu.

La bobine d'induction se charge presque instantanément. En ajoutant aux deux bouts du fil induit, de gros fils de cuivre dont on rapproche les extrémités, on obtient un jet presque continu d'étincelles d'un blanc éclatant, qui forment un faisceau de trois ou quatre traits de feu sinueux et sans cesse agités. On peut obtenir des étincelles qui ont 35 centimètres de longueur.

M. Foucault a eu l'idée de former une batterie de plusieurs machines d'induction réunies. On obtient ainsi des effets extraordinaires. Les torrents d'électricité fournis par ces machines, chargent, dans l'espace d'une minute, une forte batterie de bouteilles de Leyde, qu'on essaierait en vain de charger avec la machine à frottement, et auprès de laquelle cette dernière jouerait le rôle d'un petit ruisseau qui devrait remplir un lac.

Avec l'étincelle de sa batterie d'induction, M. Ruhmkorff perce facilement des blocs de verre d'un décimètre d'épaisseur. Les détonations produisent un bruit aussi fort que des coups de pistolet. L'étincelle de cette batterie enflamme les corps combustibles, fond les métaux et les terres les plus réfractaires. Elle produit en un mot, tous les effets de la foudre dans une miniature déjà très-respectable.

Les effets chimiques de l'étincelle d'induction ne sont pas moins intéressants. Avec la machine électrique à plateau de verre, on n'arrivait pas à opérer avec succès sur des composés gazeux. Avec la bobine d'induction, au contraire, M. Perrot a pu décomposer les vapeurs d'eau, d'alcool, d'éther, d'acide acétique ; Il a pu décomposer le gaz amnioniac, et même le gaz acide carbonique, qu'aucune action chimique, si ce n'est la lumière dans les plantes, n'avait encore décomposé.

MM. Frémy et Ed. Becquerel ayant fait passer un courant d'étincelles de la machine de Ruhmkorff dans un tube rempli d'air, l'ont vu se remplir de vapeurs rutilantes d'acide hypo-azotique, provenant de la combinaison de l'azote et de l'oxygène de l'air.

Considérée sous le point de vue physique, l'étincelle d'induction diffère de l'étincelle électrique ordinaire. Tandis que celle-ci est formée d'un simple trait lumineux, l'étincelle fournie par la machine de Ruhmkorff se compose de deux parties distinctes : un trait de feu instantané et une *auréole ovoïde*, dont la durée est mesurable. Cette auréole, toujours agitée, présente une couleur rouge orangé, avec teinte verdâtre du côté du pôle positif ; elle est indépendante du trait brillant. L'attraction de l'aimant la dévie. Un souffle ou un corps en mouvement, l'entraînent ; et elle forme alors une large nappe de feu, de couleur violette et sillonnée d'éclairs ; elle ressemble à une flamme poussée par le vent.

M. du Moncel, qui a fait beaucoup d'expériences sur l'étincelle de la machine d'induction, a fait entre autres la suivante.

Il applique sur les faces extérieures de deux lames de verre séparées par une couche d'air de 2 millimètres, des plaques d'étain, en rapport avec le fil induit de la machine de Ruhmkorff. On voit alors, dans l'obscurité, une pluie lumineuse, de teinte bleue, entre les deux lames de verre. Si l'une des plaques est plus petite que l'autre, elle se détache en noir sur une belle auréole de lumière bleue.

Quand on fait partir l'étincelle d'induction au milieu d'un espace vide ou rempli d'un gaz, elle produit des apparences vraiment magiques à l'œil.

Si l'on fait le vide dans le petit ballon de verre qui est désigné par les physiciens sous le nom d'*œuf électrique*, et qui n'est qu'un vase de verre de forme ovoïde, on voit se produire deux lumières différentes ; l'une, violette, enveloppe la boule et la tige par laquelle arrive l'électricité négative ; l'autre, d'un rouge de feu, semble adhérer à la boule positive et forme une sorte de corps ovale qui s'étend vers l'autre boule (fig. 396). Si l'on fait communiquer une seule des boules avec le fil induit, on peut dévier cette gerbe de feu en approchant du vase un corps conducteur.

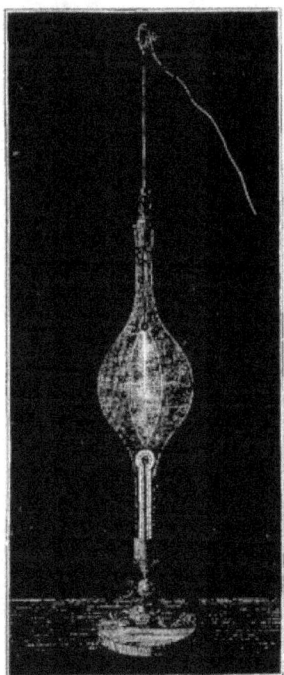

Fig. 396. — Étincelle électrique.

La lumière prend diverses teintes dans les divers gaz ou vapeurs. M. Grove et M. Quet l'ont vue se diviser en couches parallèles, séparées par des espaces obscurs (fig. 397) ; c'est ce qu'on appelle la *stratification* de la lumière électrique.

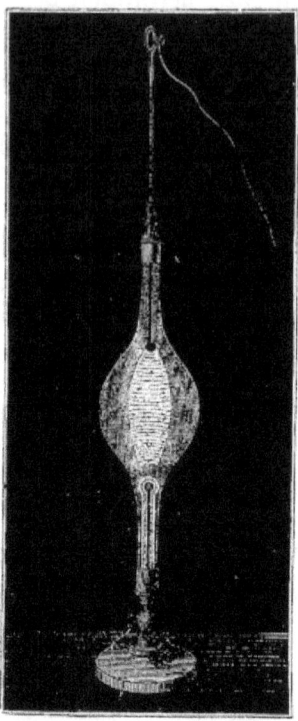

Fig. 397. — Lumière électrique stratifiée.

Ces colonnes lumineuses obéissent à l'action de l'aimant, qui leur imprime à volonté des mouvements de translation ou de rotation, semblables à ceux des aurores boréales.

M. Geissler, mécanicien de Bonn, a construit des tubes de verre remplis de gaz raréfiés, et garnis, à leurs extrémités, de fils de platine, que l'on met en rapport avec le circuit de la machine de Ruhmkorff. Il se produit alors dans l'intérieur de ces tubes, une lumière assez vive. Nous représentons (fig. 398) un de ces tubes.

On a proposé de faire usage de ces tubes lumineux pour l'éclairage des mines et des travaux sous-marins. Les constructeurs d'appareils de chirurgie ont essayé d'employer le *tube de Geissler* pour porter, dans l'arrière-bouche et dans les organes profonds, un appareil éclairant qui n'y développe aucune sensation de chaleur gênante.

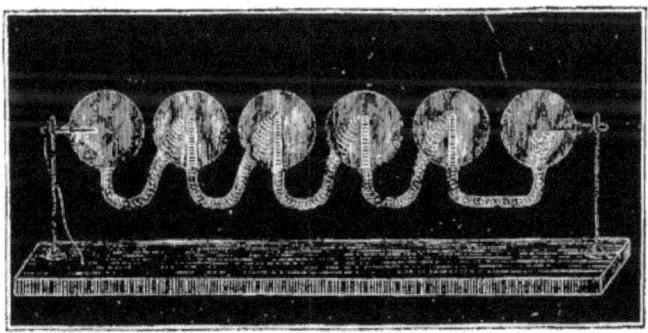

Fig. 398. — Tubes de Geissler.

De toutes ces applications, celle qui a donné jusqu'ici le meilleur résultat pratique, est celle qui concerne l'éclairage des mines et des lieux souterrains.

Nous représentons (fig. 399) la disposition que donne à ces lampes un habile constructeur d'instruments de physique de Paris, M. Gaiffe. La légende qui accompagne cette figure en fera comprendre les dispositions.

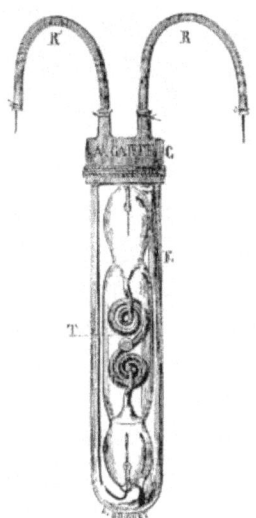

Fig. 399. — Lanterne électrique des mineurs.

T Tube de Geissler dans lequel le vide est fait sur l'azote pur, La partie du tube contournée en spirale est un verre d'urane. La lumière de l'azote est rose, celle du verre d'urane est verte, l'ensemble éclaire les objets en blanc légèrement verdâtre.

E Éprouvette en verre très-épais destinée à protéger le tube lumineux des chocs.

C Calotte en caoutchouc qui forme l'éprouvette.

R, R' Rhéophores amenant le courant de la machine de Ruhmkorff.

La figure 400 représente l'installation de ces tubes au fond d'une mine pour éclairer l'ouvrier et remplacer, par conséquent, la lampe de Davy, source de dangers pour l'ouvrier imprudent ou maladroit.

Fig. 400. — Lampe de mineur, Ouvriers mineurs au travail.

Une des applications les plus importantes de la bobine de Ruhmkorff, c'est son emploi pour l'inflammation des combustibles. Dans les *moteurs Lenoir* c'est l'étincelle fournie par une machine de Ruhmkorff qui met périodiquement, le feu au mélange gazeux, qui fournit la force de ces machines.

L'exploitation des carrières, le percement des tunnels, l'explosion des mines à grande distance, sont singulièrement facilités par la machine Ruhmkorff. La sûreté de son jeu et les grandes distances auxquelles elle porte l'étincelle, permettent d'effectuer sans péril l'explosion des mines, qui remuent et entraînent sans aucun danger pour l'opérateur, des masses considérables de terre et de roches.

La machine de Ruhmkorff donne l'avantage de pouvoir enflammer, d'un seul jet, huit ou dix fourneaux de mine à la fois.

Dès 1858, la bobine d'induction fut appliquée pour dégager les abords de Venise, où les Autrichiens avaient établi un grand nombre de barrages dans les lagunes.

Dans l'expédition de Chine, en 1860, on s'en servit pour faire sauter le fort principal du Peï-ho, au moyen de huit fourneaux enflammés simultanément (fig. 394).

Fig. 394. — Destruction du fort de Peï-ho, en Chine, par une mine enflammée par la machine de Ruhmkorff

M. Auguste Trêve, lieutenant de vaisseau, eut recours à l'étincelle d'induction fournie par la machine de Ruhmkorff pour enflammer les mines dirigées contre les forts chinois. Les études faites précédemment pour appliquer l'électricité à l'inflammation des mines à distance, et dont M. du Moncel avait fait de belles applications pour les travaux du port de Cherbourg, furent ici mises en usage avec un avantage marqué, pour les travaux de la guerre.

M. Trêve écrivait des bords du Peï-ho, le 9 octobre 1860, une lettre contenant les lignes suivantes :

« Les Chinois avaient construit à l'embouchure même du Peï-ho des forts véritablement puissants et dont nous occupions la moitié ; il a fallu détruire par la mine les deux autres grands forts, et c'est là que l'appareil de Ruhmkorff a reçu sa première consécration en Chine. J'ai fait cette affaire de concert avec un de mes camarades, capitaine du génie ; lui, a disposé les grands fourneaux, moi, les engins électriques. L'explosion simultanée a été réussie autant qu'elle peut mathématiquement l'être ; la destruction est complète. Le tableau, au dire des spectateurs, a représenté une grande vague de terrain qui s'est affaissée en se déversant de tous côtés, avec très-peu de projections verticales. Les Anglais, qui n'avaient pas nos moyens d'explosion, ont eu beaucoup plus de peine. Le commandant supérieur, M. Bourgeois, est enchanté et a fait un rapport à l'amiral. Le peu de longueur de mes fils nous a obligés, le capitaine et moi, à nous construire, à cinquante mètres de là, un petit abri où nous avons éprouvé tous les deux un véritable tremblement de terre. J'ai été obligé aussi de ne me servir que d'un seul fil, pour chaque fusée, et par conséquent du manipulateur à un seul contact. Succès complet ! »

Le même marin, M. Trêve, a encore mis à profit la bobine d'induction pour allumer les fanaux qui servent de signaux de nuit sur les côtes.[1]

Les effets de la machine de Ruhmkorff sont populaires, depuis qu'elle a figuré sur les différentes scènes de nos théâtres et dans un nombre infini de soirées scientifiques. Elle a répandu le nom de Ruhmkorff, dans toutes les parties du monde.

1 Voir notre ouvrage Année scientifique et industrielle, 2ᵉ année, pp. 183-193.

Louis Figuier

Le grand prix de 50 000 francs institué pour les applications de la pile de Volta a été décerné, en 1864 à ce constructeur émérite.

Ce prix avait été fondé par l'empereur Napoléon III. Le décret du 23 février 1852, fixait à cinq ans le terme de ce concours, qui devait être jugé pour la première fois en 1857. La commission, présidée par M. Dumas, fit son rapport au commencement de 1858. Elle déclara qu'il n'y avait pas lieu de décerner le prix, et demanda une prorogation du concours jusqu'en 1863 ; mais elle signala, comme dignes d'éloges, les efforts de MM. Ruhmkorff, Froment, Duchenne (de Boulogne) et Middeldorpff. En 1864, le grand prix fut enfin décerné, et c'est, comme nous venons de le dire, M. Ruhmkorff qui l'obtint.

Dans un rapport très-remarquable, M. Dumas déclara que l'appareil de Ruhmkorff réunit des conditions très-rares, qui en font un instrument fécond en découvertes de tout genre, ouvrant à l'électricité une voie nouvelle et inattendue, et marquant déjà par d'incontestables services sa place dans les travaux journaliers de l'industrie ou de l'art militaire.

Les notions que nous venons de présenter dans cette notice sur l'*électro-magnétisme* et l'*électricité d'induction*, auront paru peut-être à nos lecteurs, un peu théoriques, un peu abstraites. Elles auront exigé quelque attention de leur part. Cette attention ne sera point perdue. Il est nécessaire de bien comprendre cette partie de la physique, pour lire avec fruit les notices qui vont suivre. En effet, la *télégraphie électrique*, les *moteurs électriques*, l'*horlogerie électrique*, l'*éclairage électrique*, etc., que nous allons aborder, dans le volume suivant, ne sont que de simples applications des principes de l'*électro-magnétisme* et de l'*électricité d'induction*, qui viennent d'être exposées dans ces dernières pages.

ISBN : 978-1519190888